Bibliothèque de l'Amateur Champenois

LES HISTORIENS DE LA CHAMPAGNE ET DE LA BRIE

Depuis 1810 jusqu'en 1875

Par ALEXANDRE ASSIER

PARIS

Aug. AUBRY, libraire, rue Séguier-Saint-André-des-Arts, 18.
CHAMPION, libraire, quai Malaquais, 15.
CLAUDIN, libraire, rue Guénégaud, 3.
Et chez les principaux libraires de l'ancienne province de Champagne.

M D CCC LXXVI

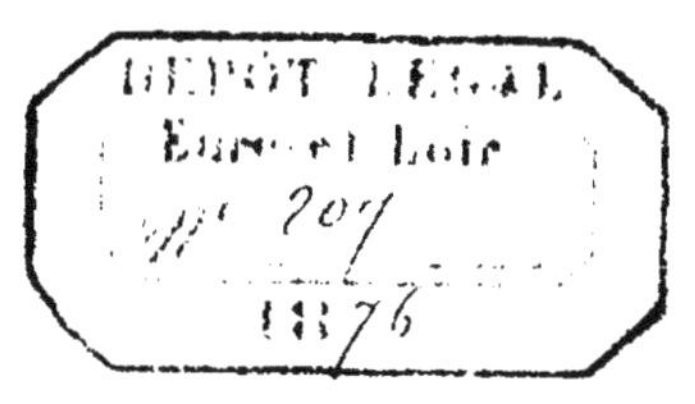

BIBLIOTHÈQUE

DE

L'AMATEUR CHAMPENOIS

Tiré à 160 exemplaires numérotés :

120 sur papier vergé,
10 sur papier rose,
10 sur papier vélin,
20 sur papier chamois.

N°

Bibliothèque de l'Amateur Champenois

LES

HISTORIENS

DE LA

CHAMPAGNE ET DE LA BRIE

Depuis 1810 jusqu'en 1875

Par ALEXANDRE ASSIER

PARIS

Aug. AUBRY, libraire, rue Séguier-Saint-André-des-Arts, 18.
CHAMPION, libraire, quai Malaquais, 15.
CLAUDIN, libraire, rue Guénégaud, 3.
Et chez les principaux libraires de l'ancienne province de Champagne.

M D CCC LXXVI

AUX BIBLIOPHILES ET AUX LECTEURS

DE LA CHAMPAGNE.

MESSIEURS,

Je sais que plusieurs d'entre vous me blâmeront peut-être d'avoir omis beaucoup d'opuscules et même d'ouvrages qui ont obtenu quelque succès. Mais en publiant cette liste assez longue, je n'ai point eu la prétention de dresser le catalogue des Mémoires des Sociétés savantes, des Annuaires, des Journaux et des Almanachs de la Champagne et de la Brie dans lesquels sont disséminés çà et là de remarquables essais et de curieuses dissertations. J'ai voulu prouver que depuis 1810 la Champagne a vu naître des hommes qui ont exploré son passé et qui ont compris que l'histoire de leur province méritait d'être racontée. Il est bien vrai que dans le siècle où nous vivons, il ne faut pas craindre d'être accusé d'une certaine bonhomie pour entreprendre des travaux historiques, mais tôt ou tard la posté-

rité saura reconnaître les efforts de nos historiens et rechercher leurs œuvres avec un certain respect, car celles-là sont le fruit de longues veilles et de laborieuses investigations.

J'aurais dû peut-être critiquer quelques ouvrages, prouver même qu'ils ne contiennent que des faits dont l'authenticité pourrait être contestée, mais à quoi bon blâmer des travailleurs devant des gens qui ne les liront pas? Je laisse à de plus habiles le soin de signaler les erreurs de nos historiens et m'empresse de terminer, chers lecteurs, ma Bibliothèque de l'amateur champenois, *en vous priant de réserver le même accueil à mes* Récits de l'Histoire de la Champagne et de la Brie.

Alexandre Assier.

Courbevoie, 26 avril 1876.

LES HISTORIENS

DE LA CHAMPAGNE ET DE LA BRIE

1810-1875

ACELON. La vérité sur la fuite et l'arrestation de Louis XVI à Varennes, d'après des documents inédits, in-8, Paris, 1866.

ADNOT Prosper. Notes historiques sur l'ancienne ville de Chappes en Champagne, in-8, Troyes, 1866.

Mgr ALLOU, évêque de Meaux. Notice historique et descriptive sur la cathédrale de Meaux, in-8, Meaux, 1839.

— Reconnaissance du tombeau de Bossuet, dans la cathédrale de Meaux, in-8, 1855.

ARCELIN. Morimond et les milices chevaleresques d'Espagne et du Portugal, broch. in-8, 1864.

— Les bulles pontificales des archives de la Haute-Marne, in-8, Chaumont, 1866.

ARMAND. Histoire de saint Remi précédée d'une introduction et suivie d'un aperçu historique sur la ville de Reims, in-8, Paris, 1846.

Arnaud. Antiquités de la ville de Troyes et vues pittoresques de ses environs avec des descriptions historiques, in-folio, Troyes, 1823. — Ouvrage incomplet.

— Voyage archéologique et pittoresque dans le département de l'Aube et dans l'ancien diocèse de Troyes, in-4, Troyes, 1837.

— Notice sur les objets trouvés dans plusieurs cercueils de pierre à la cathédrale de Troyes, in-8, Troyes, 1845.

Arnould. Notes et documents sur les établissements d'instruction primaire de la ville de Reims, in-8, Reims, 1848.

Assier Alex. Les archives curieuses de la Champagne et de la Brie, in-8, Troyes, 1853.

— Troyes depuis le ve siècle jusqu'au xviiie. Notes de J.-B. Breyer et de Hugot, recueillies et mises en ordre par Semilliard, broch. in-4, Troyes, 1854.

— Légendes, curiosités et traditions de la Champagne et de la Brie. in-8, Troyes, 1859.

— Bibliophile du département de l'Aube, 12 livraisons, 1853-1874.

— Bibliothèque de l'amateur champenois, 14 livraisons, 1859-1876.

Assier et Socard Alexis. Livres liturgiques du diocèse de Troyes imprimés au xve et au xvie siècles, in-8, Troyes, 1863.

AUBERT Alex. (l'abbé). Histoire de saint Remi pour servir à l'étude des origines de la monarchie française, in-18, Plancy, 1849.

— Monographie de la commune de Juvigny, (Marne), in-12, Châlons. 1856.

— Chaalons ancien et nouveau, payen et chrétien, depuis son origine jusqu'en 1726, par l'abbé P. Garnier, publié par l'abbé Aubert, in-12, 1865.

— Mémoires historiques sur la Champagne, par l'abbé Beschefer, publiés et annotés par l'abbé Aubert, in-12, 1866.

AUBINEAU Léon. Notice sur Thibaut I le Tricheur et sur Eudes I, son fils, comtes de Tours, in-8, Tours, 1847.

AUFAUVRE Amédée. Album pittoresque et monumental du département de l'Aube, in-folio, Troyes, 1852, dessins par Fichot.

— Les anciens édifices de Troyes, I. La Chapelle-Saint-Gilles-de-Croncels, in-4, 1853.

— Une histoire de Chauffeurs ou le boucher de Vendeuvre, in-8, 1853.

— Les Masques noirs, ou le chirurgien de Bar-sur-Seine en 1815, in-8.

— Tablettes historiques de Troyes, depuis les temps anciens jusqu'en 1855, in-8, 1858.

— Les Monuments de Seine-et-Marne, dessins par Fichot, in-folio, 1858.

— Histoire de Nogent-sur-Seine, in-8 1859.

— Troyes et ses environs, guide historique, in-12, 1860.

AUFRÈRE-DUVERNAY. Notice historique et critique sur les monuments érigés à Orléans en l'honneur de Jeanne-d'Arc, in-8, Orléans, 1855.

AUGER (l'abbé). Trois modèles de la vie sacerdotale ou notice sur MM. Godot, Fournerot et Arvisenet, prêtres du diocèse de Troyes et de Langres, nouv. édit., in-18, Troyes, 1872.

AYMA. Vie du célèbre J.-B. de la Salle, fondateur des écoles chrétiennes, in-8, Paris, 1855.

BABEAU Albert. Le parlement de Paris à Troyes, en 1787, in-8, Troyes, 1870.

— Histoire de Troyes pendant la Révolution, 1787-1792, 2 vol. in-8, Troyes, 1872-1874.

BALLARD. Précis sur les eaux thermales de Bourbonne-les-Bains, Haute-Marne, in-8, Langres, 1831.

BANDEVILLE. *Flodoardi chronicon.*, Chronique de Flodoard, publiée par l'académie impériale de Reims avec une introduction, 3 vol. in-8, Reims, 1855.

Barat (l'abbé.) Notre-Dame de l'Épine et son pèlerinage, in-18, Châlons, 1860.

Barbat. Histoire de la ville de Châlons-sur-Marne et de ses monuments, 2 vol. ornés de 150 dessins, in-4, 1854.

Barbat de Bignicourt. Les massacres à Reims en 1792, in-8, Reims, 1873.

Barbet de Jouy. Etude sur les fontes du Primatice, (abbé de Saint-Martin-ès-Aires, de Troyes), in-8, 1859.

Barbey Alph. Notice historique sur la maison natale de Jean de la Fontaine à Château-Thierry, broch. in-8, Paris, 1870.

Barrau J.-J. Dissertation sur cette question : Provins est-il l'Agendicum des commentaires de César? Paris, in-12, 1821.

Barré (l'abbé). Etude historique sur Chouilly, in-8, Châlons, 1868.

Barthélemy de Beauregard. Histoire de Jeanne-d'Arc, 2 vol. in-8, 1847.

Baudart, graveur. Histoire métallique de la ville de Reims sous la république, 1848 à 1850, in-4, Reims, 1851.

Beaune H. De la mission de saint Bénigne et du martyre des saints Jumeaux à Langres, in-8, 1861.

Belin de Launay. Du traité d'Andelot considéré sous les points de vue historique et politique, in-8, 1844.

Béraut, de l'Allier. Histoire des comtes de Champagne,

2 vol. in-8, Paris, 1839.

BERNARD J. Recueil de monuments inédits, dessinés et publiés sur la ville de Provins, in-4, Paris, 1830.

BERTHELIN, avocat. Etude sur Amadis Jamyn, poète du XVIe siècle, né à Chaource, près Troyes, in-8, 1860.

BERTHIER Ferd. L'abbé de l'Epée, sa vie, son apostolat, ses travaux, sa lutte et ses succès, in-8, Paris, 1852.

BERTIN DU ROCHERET. Journal des Etats tenus à Vitry-le-François en 1744, rédigé par Bertin du Rocheret. Documents curieux publiés par A. Nicaise, in-8, Châlons, 1864.

BERTIN (l'abbé). Rheims et la ville du sacre, in-8, 1819.

BIBLIOTHÈQUE de l'amateur rémois, 1855, 12 livraisons, collection très-rare aujourd'hui.

BILLEBAULT. Histoire de l'invasion allemande dans l'arrondissement de Sens en 1870-71, in-12, Paris, 1871.

BIMBENET. Relation fidèle de la fuite du roi Louis XVI et de sa famille à Varennes d'après les documents judiciaires et administratifs déposés au greffe de la haute-cour nationale établie à Orléans, in-8, Paris, 1844. — 2e édition, in-8, Paris, 1868.

BISTON. De la noblesse maternelle en Champagne et de l'abus des changements de noms, in-18, Châlons, 1859.

BLAMPIGNON (l'abbé). Histoire de sainte Germaine, patronne de Bar-sur-Aube, in-12, Troyes, 1855.

— De l'esprit des sermons de saint Bernard, Paris, in-8, 1858.

BOITEL (l'abbé). Histoire de l'ancien et du nouveau Vitry-le-François, in-12, Châlons, 1842.

— Recherches historiques, archéologiques et statistiques sur Esternay, in-12, 1850.

— Histoire de saint Alpin, 8e évêque de Châlons, in-12, 1853.

— Histoire du bienheureux Jean, surnommé l'Humble, seigneur de Montmirail-en-Brie, in 18, Paris, 1859.

— Histoire de Montmirail en Brie, in-12. 1862.

— Beautés de l'histoire de Champagne, 2 vol. in-12, Châlons, 1865-1868.

BONNIER. Abélard et saint Bernard, la philosophie et l'Eglise au XIIe siècle, in-18, Paris, 1862.

BORDOT. Les Marie-Louise ou la Champagne en 1814, Plancy, in-12, 1852.

BOREAU Victor. Jehanne Thielement ou le massacre de Vassy, in-8, Paris, 1835.

BOUÉ. Chroniques ardennaises, Paris, in-8, 1839.

BOUGARD. Histoire de la seigneurie de Bourbonne-les-Bains, in-8, 1865.

— Essai de bibliographie et d'histoire relatif à l'histoire de Bourbonne, Paris, in-8, 1866.

BOUGAUD (l'abbé). Etude historique et critique sur la mission, les actes et le culte de saint Bénigne, apôtre de la Bourgogne et sur l'origine des églises de Dijon, d'Autun et de Langres, in-8, Autun, 1859.

BOUGEART A. DANTON. Documents authentiques pour servir à l'histoire de la Révolution française, Bruxelles. in-8, 1861.

BOUILLEVAUX (l'abbé). Les moines du Der, in-8, Chaumont, 1845.

— Monographie de l'église abbatiale de Montier-en-Der, in-8, 1855.

BOUILLIOT (l'abbé). Biographie ardennaise ou histoire des Ardennais qui se sont fait remarquer par leurs écrits, leurs actions, leurs vertus et leurs erreurs, 2 vol. in-8, 1831.

BOUILLON. La bataille de Rocroi, Sedan, in-8, 1839.

BOURGEOIS. Histoire des comtes de Brienne, in-8, Troyes, 1849.

BOURGUIN (l'abbé). Vie du très-illustre seigneur Jean de Montmirail, de bienheureuse mémoire, in-8, 1873, Châlons-sur-Marne.

BOURQUELOT F. Histoire de Provins, 2 vol. in-8, Provins, 1839-1840.

— Superstitions de la ville de Provins, in-8, 1839.

— Notice sur le manuscrit intitulé le Cartulaire de la ville de Provins, XIII et XIVe siècles, Paris, in-8, 1856.

— Mémoires de Claude Haton, de 1553 à 1582, concernant principalement la Champagne et la Brie, Paris, 2 vol. in-4, 1857.

— Etudes sur les foires de Champagne, in-4, Paris, 1865.

BOURQUELOT Emile. Un épisode de l'invasion de 1870 à Provins, in-12, Provins, 1872.

BOUTIOT. Recherches sur le théâtre de Troyes, au XVe siècle, Troyes, broch. in-8, 1854.

— Etudes sur la géographie ancienne appliquées au département de l'Aube, Troyes, broch. in-8.

— Recherches sur les anciennes pestes de Troyes, broch. in-8, Troyes, 1857.

— Notice historique sur Vendeuvre et ses environs, Troyes, in-8, 1861.

— Revue critique pouvant servir de supplément au Répertoire archéologique du département de l'Aube, par MM. Socard et Boutiot, in-4, 1861.

— Histoire de l'instruction publique à Troyes, in-8, 1865.

— Notice sur les limites territoriales dans

le département de l'Aube, Paris, in-8, 1865.

Boutiot. Louis XI et la ville d'Arras. Episode de la guerre contre Marie de Bourgogne, 1479-1487, Troyes, 1867, in-8.

— Dictionnaire topographique du département de l'Aube, in-4, Paris, 1874, Voy. Socard Emile.

— Histoire de Troyes et de la Champagne méridionale, 4 vol. in-8, Troyes, 1870-1875.

Breuillard (l'abbé). Notice sur saint Bénigne, apôtre de la Bourgogne, in-8, Dijon, 1857.

Brullée (l'abbé). Histoire de l'abbaye royale de Sainte-Colombe de Sens, in-8, Sens, 1852.

Brunette. Notice sur les antiquités de Reims et les découvertes récemment faites, Reims, in-8, 1861.

Buirette. Histoire de la ville de Sainte-Menehould et de ses environs, in-8, Sainte-Menehould, 1837.

Calmette. Histoire des villes, bourgs et villages remarquables de la Marne, in-12, Reims, 1850.

Camut Chardon. Notices historiques et topographiques sur la ville d'Arcis-sur-Aube, in-8, Arcis, 1848.

Camut-Daras. Tableau des principaux événements qui se sont passés à Reims depuis Jules César jusqu'à Louis XVI, 3 parties, in-8, 1845.

Carlier (l'abbé). Notice sur les comtes de Joigny, in-8, Sens, 1863.

Carnandet. La Haute-Marne pittoresque, in-4, Chaumont, 1855.

— Notice historique sur Edme Bouchardon, suivie de quelques lettres de ce statuaire, in-8, Chaumont, 1855.

— Vie et passion de Mgr. sainct Didier, martir et évesque de Lengres, jouée en la dicte cité, in-8, Chaumont, 1855.

— Tablettes historiques du département de la Haute-Marne, in-8, 1856.

— Géographie historique, industrielle et statistique de la Haute-Marne, in-18, 1860.

— Le trésor des pièces rares et curieuses de la Champagne et de la Brie; 2 vol. in-8, Chaumont, 1861-1866.

. . . . et Hesse. Recherches sur les périodiques de la Haute-Marne, almanachs, annuaires, etc., in-8, Chaumont, 1861.

Carro. Notice sur le château de Meaux et sur le cabinet de Bossuet, Paris, in-12, 1853

— Histoire de Meaux et du pays meldois, in-8, Meaux, 1865.

Cavaniol. L'invasion du 1870-1871 dans la Haute-Marne, in-8, Chaumont, 1873.

Caulin (l'abbé). Quelques seigneuries du Vallage et en Champagne propre, précédées de notions sur le régime féodal, in-8, Troyes, 1867.

CERF (l'abbé). Histoire et description de Notre-Dame de Reims, 2 vol. in-8, Reims, 1861.

— Trésor de la cathédrale de Reims photographié par Marguet et Dauphinot, texte par l'abbé Cerf, in-4, Strasbourg, 1867.

CHAILLOU DES BARRES (le baron). Histoire de l'abbaye de Pontigny. in-8, Auxerre, 1845.

CHALETTE. Précis de statistique générale du département de la Marne, 3 vol. in-8, avec atlas, Châlons, 1845.

CHAUBRY DE TRONCENORD (le baron). Notice sur les artistes graveurs de la Champagne, in-8, Châlons, 1859.

— Etude historique sur la statuaire au moyen-âge, 2 parties, in-8, 1859-1863.

— Recherches sur les peintres-verriers champenois, in-8.

CHAUMONNOT. Rivière de Seine. Etude sur la dérivation à Troyes, in-8, Troyes, 1868.

CHAVIN DE MALAN. Histoire de dom Mabillon et de la congrégation de Saint-Maur, in-12, Paris, 1843.

CHAZAL jeune. Recherches curieuses et historiques sur la ville de Reims, Paris, 1825, in-18.

CHÉRI-PAUFFIN. Rethel et Gerson, in-12, Paris, 1845.

CHEVALIER L. Histoire de Bar-sur-Aube, in-8, Bar-sur-Aube, 1841.

CHEVREUL H. Le chien courant, poème de Jean Passerat, *troyen*, suivi de quelques poésies du même auteur, in-8, Paris, 1864.

CHEZJEAN A. Notice historique sur Jean, sire de Joinville, sénéchal de Champagne, in-8, 1853.

CLARÉTIE Jules. La France envahie, juillet à septembre 1870, Forbach et Sedan, impressions et souvenirs de guerre, in-18, Paris, 1871.

— Le champ de bataille de Sedan, 1er septembre 1870, in-18, Paris, 1871.

CLÉMENT P. Histoire de la vie et de l'administration de Colbert, in-8, 1846.

CLOUET (l'abbé). Histoire ecclésiastique de la province de Trèves et des pays limitrophes, comprenant les évêchés de Trèves, Metz, Toul, Verdun, *Reims* et *Châlons*, 2 vol. in-8, Verdun, 1844-1851.

COFFINET (l'abbé). Annuaire du clergé du diocèse de Troyes, in-12, Troyes, 1841.

— Sceau de l'abbaye de Notre-Dame-aux-Nonnains de Troyes, Paris, in-8, 1852.

— Trésor de Saint-Etienne, insigne et royale église collégiale de Troyes, in-4, Paris, 1861.

— Les peintres-verriers de Troyes pendant trois siècles, 1375-1690, in-4, Paris, 1864.

COLIN Hubert. Le siége de Mézières par les alliés en 1815, in-12, Vouziers, 1815.

COLIN (docteur). Notes historiques et statistiques sur le canton de Nogent-sur-Seine, in-12, 1836.

COLLIN J. Tablettes historiques de Joinville, in-8, Chaumont, 1857.

COLLOT E. (l'abbé). Chronique de l'abbaye de N.-D. de Longuay, diocèse de Langres, in-18.

CORDIER (éditeur). Reims pittoresque ancien et moderne, par plusieurs auteurs, in-8, Reims, 1835.

CORNET Paulus. Dictionnaire historique et statistique des rues de Châlons-sur-Marne, etc., in-12, 1869.

CORRARD de Breban. Recherches sur l'établissement de l'imprimerie à Troyes, in-8, 1839. — 2e édit. 1851. — 3e édit. 1873.

— Notice sur la vie et les œuvres de F. Girradon, in-8, 1833. — 2e édit. 1850.

— Les rues de Troyes anciennes et modernes, Troyes, in-8, 1857.

— Les graveurs troyens. Recherches sur leur vie et leurs œuvres avec facsimile, in-8, 1868.

COUTANT L. Recueil de notes et pièces historiques pour servir à l'histoire des Riceys, in-8, Paris, 1840.

Coutant, L. Fragments historiques sur la ville et l'ancien comté de Bar-sur-Seine, in-8, Bar-sur-Seine, 1846.

— Histoire de la ville et de l'ancien comté de Bar-sur-Seine, in-8, 1855.

Couvreux. Notice sur la coutellerie de Nogent (Haute-Marne), in-12, 1855.

Crépin (l'abbé). Notice historique sur la paroisse de Blécourt (Haute-Marne), in-8, 1858.

Curnier. Le cardinal de Retz et son temps, 2 vol. in-8, Paris, 1863.

Cuvillier. Histoire ancienne et moderne et description générale du département de l'Aisne, publiées par cantons, in-8, Paris, 1846.

d'Albanès-Havard. Voltaire et Mme du Châtelet, révélations d'un serviteur attaché à leurs personnes, in-18, Paris, 1863.

Damiron. Mémoire sur Diderot, in-8, Paris, 1852.

Danielo. Histoire de la Gaule Belgique et de Reims, sa métropole, Paris, in-8, 1833, 2 livraisons.

Danton, H.-F. Histoire du journalisme à Reims, in-8, 1854.

— Biographie rémoise, in-8, 1855.

d'Arbois de Jubainville. Armoiries des comtes de Champagne d'après leurs sceaux, in-8, Paris, 1852.

— Pouillé du diocèse de Troyes, rédigé en 1407, in-8, Troyes, 1853.

— Voyage paléographique dans le départ de l'Aube, in-8, 1855.

— Histoire de Bar-sur-Aube sous les comtes de Champagne, 1077-1284, in-8, 1859.

— Histoire des ducs et des comtes de Champagne, 8 vol. in-8, Troyes, 1859-1866 (Prix Gobert).

— Etude sur l'état intérieur des abbayes cisterciennes et principalement de Clairvaux, aux XIIe et XIIIe siècles, in-8, 1858.

— Répertoire archéologique du département de l'Aube, in-4, Paris, 1861.

— Réplique au Mémoire intitulé : Revue critique pouvant servir de supplément au Répertoire, in-4, Troyes, 1862.

— Inventaire-sommaire des archives départementales antérieures à 1790, 2 vol. in-4, Troyes, 1869, ouvrage dont la rédaction durera beaucoup d'années.

DARMAING. Relation complète du sacre de Charles X, in-8, Paris, 1825.

DAUPHIN (l'abbé). Les dernières années de la vie de Mgr Pierre-Louis Cœur, évêque de Troyes, in-8, Troyes, 1865.

DAUVERGNE. Etudes historiques et archéologiques sur la ville de Coulommiers, in-8, 1863.

David, J. La Seine et ses affluents, in-8. Paris, 1872.

De Barante. La vie politique de Royer-Collard, ses discours et ses écrits, 2 vol. in-18, Paris, 1863.

De Barthélemy, A. Recherche sur la noblesse maternelle de Champagne, in-8, 1861.

— La campagne d'Attila. — Invasion des Huns dans les Gaules en 450, Paris, in-8, 1870.

De Barthélemy, E. Essai historique sur la Réforme et la Ligue à Châlons-sur-Marne, in-8, 1851.

— Châlons pendant l'invasion anglaise, 1338-1453, in-8, 1852.

— Essai historique sur les comtes de Champagne, in-8, 1853.

— Essai sur les abbayes du département de la Marne, in-8.

— Histoire de la ville de Châlons-sur-Marne et de ses institutions depuis son origine jusqu'en 1789, in-8, 1854.

— Etudes biographiques sur les hommes célèbres nés dans le département de la Marne, in-8.

— Correspondance inédite des rois de France avec le conseil de ville de Châlons, in-12, 1855.

— Les vitraux des églises de Châlons, in-8, 1858.

DE BARTHÉLEMY, E. Sommaire du procès-verbal de la recherche de la noblesse de Champagne fait par Mgr de Caumartin, in-8, Paris, 1861.

— Diocèse ancien de Châlons-sur-Marne, 2 vol. in-8, 1861.

— Variétés historiques et archéologiques sur Châlons-sur-Marne et son diocèse ancien, in-8, Paris. 1864.

— Armorial général de la généralité de Châlons, in-12, 1868.

— Gerbert, étude sur sa vie et ses ouvrages suivie de la traduction de ses lettres, in-18, Paris, 1868.

— Histoire des archers, arbalest. et arquebus. de la ville de Reims, in-8, 1873.

DE BOUILLÉ. Histoire des ducs de Guise, 4 vol. in-8, Paris, 1849-1850.

DE BRAY (Mme). Sainte Fare et l'abbaye royale de Faremoutiers, in-18, 1861.

DE CHATILLON et E. DE SENEMAUD. Mémoire historique sur les châteaux-citadelles, forts et villes de Mezières, Charleville et le mont Olympe, in-8, Mezières, 1865.

DE CHÉVIGNÉ (le comte). Les contes rémois, Paris, in-18, avec dessins par Messonnier, volume qui a eu plusieurs éditions.

DE COURMEAUX. Notice sur la bibliothèque de Reims, in-8, 1844.

DEFER (l'abbé). Vie des saints du diocèse de Troyes, in-8, 2 parties, 1865.

— Tablettes ecclésiastiques du diocèse de Troyes, fascicule in-8, 1867.

— Liste des prélats donnés au monde catholique, par le diocèse de Troyes, in-8, 1868.

DE HALDAT docteur. Examen critique de l'histoire de Jeanne-d'Arc, suivi de la relation de la fête célébrée à Domremi, en 1820, et de mémoires sur la maison de Jacques d'Arc et sur sa descendance, in-8, Nancy, 1850.

D'HASTEL E.-B. Histoire de la ville de Châlons-sur-Marne, 1855.

D'HÉRICAULT Ch. Œuvres de Coquillart, Paris, 2 vol. in-18, 1857.

DELAN (l'abbé). Histoire du synode de Reims de l'an 1850, contenant le cérémonial qu'on y a suivi, in 8, Paris, 1851.

DE LA COMBE. Vie de Royer-Collard, Paris, in-8, 1863.

DE LAMOTTE-VALOIS (Louis Lacour). Affaire du collier. Mémoires inédits du comte de Lamotte-Valois, sur sa vie et son époque, 1754-1830, in-12, Paris, 1858.

DELBARRE et BOUVENNE. Notice historique et archéologique sur le château et la ville de Château-Thierry, in-8, 1858.

DELETTRE. Histoire de la province du Montois, comprise dans les cantons de Bray,

Donnemarie, Provins et Nangis. 2 vol. in-8, 1851-1853.

De Montcarmet. Jean de Brienne, roi de Jérusalem et empereur de Constantinople, in-12, Limoges, 1854.

De Montrol. Résumé de l'histoire de Champagne, in-12, Paris, 1826.

Denis Aug. Recherches bibliographiques en forme de dictionnaire, sur les auteurs morts et vivants qui ont écrit sur l'ancienne province de Champagne et essai d'un manuel du bibliophile champenois, in-8, Châlons, 1870.

Depping Bern. Notice archéologique sur la ville d'Arc-en-Barrois (Haute-Marne), in-8, Paris, 1848.

Dérodé-Gérusez. Notice historique sur le couronnement des rois de France, in-8, 1825.

De Saint-Ferjeux Théod. Notice sur les monnaies des Lingons et sur quelques monnaies des Leukes, des Séquanes et des Eduens, in-8, Paris, 1868.

De Saint-Marceaux. Notes et documents pour servir à l'histoire de la ville de Reims, de 1830 à 1845, in-4, 1853.

De Sassenay F. Les Brienne de Lecce et d'Athènes, 1200-1356, in-18, Paris, 1870.

De Serviez. Histoire de Colbert, in-12, Paris, 1842.

De Sèze. Histoire de l'événement de Varennes au 21 juin 1791, in -8, 1843.

DES GUERROIS, Ch. Marie-Nicolas des Guerrois, sa vie et ses œuvres, in-8, Troyes, 1854.

— Jean Passerat, poète et savant, in-8, 1856.

DESJARDINS Abel. Vie de Jeanne d'Arc, in-12, 1854.

DESNOIRETTES. Voltaire au château de Cirey (Haute-Marne), in-8, Paris, 1868.

DESSAILLY (l'abbé). Histoire de Vitry-lès-Reims et des villages situés autrefois sur son territoire. in-8, Reims, 1870.

DE TORCY. Recherches chronologiques, historiques et politiques sur la Champagne et le pays partois, in-8, Troyes, 1832.

DEVISME. Manuel historique du département de l'Aisne, in-8, Laon, 1826.

DE WAILLY Natalis. Histoire de saint Louis par Joinville, texte rapproché du français moderne et mis à la portée de tous, in-18, Paris, 1868.

— Histoire de la conquête de Constantinople par Geoffroi de Villehardouin, in-18, Paris, 1871.

DE WIMPFFEN, général. Sedan, in-8, Paris, 1871.

DEY. Armorial historique de l'Yonne, in-8, Sens, 1862.

DIDIER C. (l'abbé). Notice historique sur les deux monastères, l'église, le collége et le château de Puellemontier suivie d'une courte notice sur l'abbaye de Boulancourt, in-8, 1868.

DIDIER C. (l'abbé). Notice historique et religieuse sur le bourg et les seigneurs de Doulevant-le-Château, in-8, Wassy, 1872.

DIDOT Amb.-Firmin. Etudes sur la vie et les travaux de Jean, sire de Joinville, 1re partie, in-8, 1870. — Credo de Joinville, 2e partie, in-8, 1870.

— Missel de Juvénal des Ursins, cédé à la ville de Paris, le 3 mai 1861, in-8, 1861.

DIEZ. *De Hincmari vità et ingenio,* in-8, Paris, 1859.

DION et CHARPENTIER (les abbés). Œuvres complètes de saint Bernard, traduction nouvelle, 8 vol., Paris, 1870.

DOÉ F. Notice des principaux monuments de la ville de Troyes, in-18, 1838.

DORMOIS. Notes historiques sur l'hôpital de Tonnerre et sur ses archives, in-8, Auxerre, 1852.

DOUGE (l'abbé). Première entrevue de Clovis 1er, roi des Francs, et de Clotilde, sa femme, au village de Villery, près Troyes, in-8, Troyes, 1854.

— Remarques historiques et critiques sur les antiquités civiles et religieuses de Bar-sur-Seine, Bar-sur-Aube, Bar-le-Duc, Sens et Troyes, suivies d'une notice historique sur la statue miraculeuse de Notre-Dame-du-Chêne, de Bar-sur-Seine et sur son célèbre pèlerinage, in-8, Troyes, 1857.

DRIOUX (l'abbé). Nouvelles calomnies du protestantisme réfutées par les écrivains protestants ou réponse à M. Horace Gourjon, membre du saint Evangile sur le massacre de Vassy, in-8, 1843.

DRIOU A. Récits historiques et pittoresques sur l'ancien monastère de Montier-en-Der, Versailles, in-8, 1842.

DUBARLE. Statistique du département de Seine-et-Marne, d'après des documents inédits et authentiques, in-8, 1836.

DUBOIS (l'abbé). Histoire de l'abbaye de Morimond, diocèse de Langres, 4e fille de Citeaux, in-8, 1851.

DUBOIS. Statistique du département des Ardennes, in-8, 1842.

DUCROT (le général). La journée de Sedan, in-8, Paris, 1871.

DU LIS Ch. Opuscules historiques relatifs à Jeanne-d'Arc, dite la Pucelle d'Orléans, in-12, Paris, 1856.

DU PRAT. Essai sur la vie d'Antoine du Prat, chancelier de France, archevêque de Sens, cardinal, in-8, 1854.

DURAND A. Notice sur les couteliers à Langres, au moyen-âge, in-8.

DURU (l'abbé). Bibliothèque historique de l'Yonne ou collection de légendes, chroniques, etc. 2 vol. in-4, Auxerre, 1864.

DUSOMMERARD. Vues de Provins, recueil de vues dessinées par plusieurs artistes, avec texte, in-4, 1833.

EGRON A. Essai statistique sur une partie des départements de la Marne et des Ardennes, in-8.

ESTRAYEZ (l'abbé). Notice historique et descriptive de la cathédrale de Châlons-sur-Marne, in-8, Châlons, 1842.

EYRIÈS Gust. Simart statuaire, membre de l'Institut. Etude sur sa vie et sur ses œuvres, Paris, in-8, 1860.

FÉRIEL J. Notes historiques sur la ville et les seigneurs de Joinville, in-8, Paris, 1835.

— Notice historique et descriptive sur le sépulcre de l'église de Saint Jean-Baptiste de Chaumont, br. in-8, 1841.

— Jean, sire de Joinville, sénéchal de Champagne, in-8, 1853.

— Notes et documents pour servir à l'histoire de Joinville avec portrait, sceaux et fac-simile, in-8, 1856.

— Précis de l'histoire de Saint-Dizier avec une note sur la montagne du Châtelet, in-8.

FÉTIS ED. Légende de saint Hubert, Bruxelles, in-8, 1846, réimpression d'une édition du XVIe siècle avec préface bibliographique et introduction historique.

FIÉVET Vict. Histoire de la ville d'Epernay, 3 vol. in-8, 1869.

FINOT J.-P. Calendrier des hommes célèbres de Troyes et du département de l'Aube, depuis 1857, Troyes.

— Les archers, les arbaletriers et les arquebusiers de Troyes, in-8, 1858.

— Quatre vues de l'ancien Troyes gravées sur cuivre avec notices historiques inédites, in-8, 1860.

— L'Aube et ses bords, illustrés de 12 vues, in-8, 1866.

— Recherches sur les Cossard, peintres à Troyes, in-8, 1864.

— Notice sur Nicolas Vignier, docteur-médecin de Bar-sur-Seine et historiographe du roi, in-12, 1865.

— La Barbuise et son cours, in-12, 1868.

FLEURY Ed. Le clergé du département de l'Aisne pendant la révolution. Etudes révolutionnaires, 2 vol. in-8, Laon, 1853.

— La civilisation et l'art des Romains dans la Gaule Belgique, Soissons, Reims, etc., in-8, 1861.

FLEURY H. et Louis PARIS. Chronique de la Champagne, Revue historique et littéraire, 4 vol. in-8, 1837-38.

FONCIN. L'invasion de 1814. Napoléon Ier et les alliés à Troyes et dans le département de l'Aube, in-8, Troyes, 1866.

FONTAINE DE RESBECQ. L'abbaye de Faremoutiers, au diocèse de Meaux, in-8, Paris, 1863.

FOUQUE Vict. Du *Gallia christiana* et de ses auteurs. Etude bibliographique, Paris, in-8, 1857.

FOUQUET-CHOLET. Histoire des comtes du Vermandois, in-8, 1832.

FOURNEL. Récit de l'arrestation de Louis XVI, à Varennes, in-8, 1857.

FRANCART (l'abbé). Vie de saint Thierry, prêtre, disciple de saint Remi, in-8, 1827, Reims.

FRANQUET F. Mémoire historique et consultatif concernant l'origine et la propriété de l'église du collége de Sedan, in-4, Sedan.

GADAN. Siéges de Troyés par les Jésuites, in-12, Troyes, 1826.

— Le bibliophile troyen, 3 livrais. — Vision de Charles-le-Gros. — Usages à St-Etienne de Troyes. — Comptes de l'église de Troyes au XIVe siècle, in-8, 1850.

GALERON. Journal historique de Reims depuis sa fondation jusqu'à nos jours, in-8, 1853. Reims, 1re partie.

— Les jumeaux de St-Lié, in-8, 1854.

— Variétés rémoises, in-8, 1855.

GALLOIS E. Les ducs de Champagne, in-8, Paris, 1843.

— La Champagne et les derniers carlovingiens, in-8, Paris, 1853.

GARINET Jules. Histoire de l'église cathédrale de Châlons-sur-Marne et de son chapitre, in-8.

— Vie de Mgr de Prilly, évêque de Châlons, in-8, 1860

GAUSSEN Alfred. Portefeuille archéologique de la Champagne, Bar-sur-Aube, in-fol. fig., 1861.

GAUTHIER F. Notice historique sur le collége de Langres, in-8, Langres, 1856.

GAYET. Ephémérides de la Marne, in-8, 1857.

GEORGES Etienne (l'abbé). Les illustres champenois (Grosley, Pierre et François Pithou, Jean et Nicole Pithou), Troyes, in-8, 1849.

— Coup-d'œil sur les progrès de la langue française en Champagne, Châlons, in-8, 1863.

— Histoire du pape Urbain IV et de son temps, 1185-1264, Arcis, in-8, 1866.

GEORGIN. Origine de plusieurs villages des enrons de Reims, Berru, Nogent et Selles, in-18, Reims, 1858.

GERONVAL. Lettres sur la Champagne, in-12, Verfuilles, 1822.

GÉRUSEZ J.-B. ex-génovéfain. Description historique et statistique de la ville de Reims, ornée de vingt gravures, in-8, Châlons, 1817.

GILBERT. Description historique et archéologique de l'église métropolitaine de Reims, in-8, Paris, 1817 et 1852.

GIVELET Ch. Saint-André de Reims, Histoire et description, in-8, Reims, 1866.

GODARD (l'abbé). Histoire et tableau de l'église de St-Jean de Chaumont, in-8, 1853.

— Vie des saints du département de la Haute-Marne, in-12, Chaumont, 1855.

GONTARD. Translation des cendres d'Héloïse et Abailard. — Anciennes abbayes de l'arrondissement de Nogent-sur-Seine. — Combats de Nogent en 1814, in-8, Nogent, 1862.

GOURDAUD. Colbert, ministre de Louis XIV, 1661-1683, in-8, Tours, 1870.

GOURJON Horace. Le massacre de Wassy d'après un manuscrit d'un couvent de Wassy, in-8, Paris, 1844.

GOUSSET (le cardinal) archev. de Reims. Les actes de la province ecclésiastique de Reims, 1842-1844, 4 vol. in-4, Reims.

GRÉARD Octave. Des lettres d'Abélard et d'Héloïse et de leurs traducteurs, in-18, Paris, 1869.

— Lettres complètes d'Abélard et d'Héloïse, traduction, in-18, Paris, 1870.

GROSLEY. Voy. Patris-Dubreuil.

GROSLIN. Notice historique sur la ville de Bourmont, in-8, Neufchâteau, 1840.

GROULT. Vignory, le château, le prieuré et l'église, in-12, Paris, 1856.

GUÉNIN Alexandre. Statistique du canton des Riceys, Troyes, in-8, 1852. — Ouvrage qui appartient également à M. Alexandre Ray.

— Troyes et le département de l'Aube de 1789 à 1848. Notice historique et biographique, Troyes, in-8, 1856.

GUÉRARD Adolphe. Camp de Châlons. — Attila, roi des Huns. — Napoléon III, empereur des Français, in-12, Châlons, 1858,

— Statistique historique du département de la Marne, in-8, 1862.

GUÉRARD B. Polyptyque de l'abbaye de St-Remi de Reims, in-4, Paris, 1853. (Dénombrement des manses, des serfs et des revenus de cette abbaye vers le milieu du IXe siècle).

GUÉRIN. (l'abbé) Notre-Dame de l'Epine, in-8, Paris, 1840.

GUIBERT Aristide. Histoire de la Champagne (extraite de l'histoire des villes de France). Paris, in-4, 1849.

GUIGNARD Philippe. Les anciens statuts de l'Hôtel-Dieu-le-Comte de Troyes, Troyes, in-8, 1853.

— Mémoires fournis aux peintres chargés d'exécuter les cartons d'une tapisserie destinée à la collégiale St-Urbain représentant les légendes de saint Urbain et de sainte Cécile, in-8, Troyes, 1851.

GUILLEMIN. Le cardinal de Lorraine, son influence politique et religieuse au XVIe siècle, in-8, Reims, 1848.

HARMAND. Notice sur la bibliothèque de Troyes, in-8, Troyes, 1845.

— Notice historique sur la léproserie de la ville de Troyes, in-8, Troyes, 1849.

— Relation d'un voyage à Rome, commencé le XXIII du mois d'août 1520 et terminé le XIV du mois d'avril 1521, par révérend Père en Dieu dom Edme, XLI abbé de Clairvaux, in-8, Troyes, 1850.

— Catalogue des manuscrits de la bibliothèque de Troyes, t. II du catalogue général des manuscrits des bibliothèques publiques des départements, in-4, Paris, 1855.

HÉDOIN de Pons Ludon J.-B. Abrégé de l'histoire de Reims, 1824, in-12.

HENRY et Ch. LORIQUET. Documents inédits tirés de la bibliothèque de Reims.

— Siége et prise d'Epernay, 1592, in-8, 1860.

— Reims au XVIe siècle. Assassinat du maréchal de St-Paul, in-8, Nancy, 1862.

— La Réforme à Reims, 1525-1585, in-8, 1863.

HÉQUET, Ch. Le sire de Joinville, 1223-1318, in-8, Châlons, 1870.

HOUSSAYE (l'abbé). M. de Bérulle et les Carmélites de France, 1575-1611, in-8, Paris, 1872.

— Le Père de Bérulle et l'Oratoire de Jésus, 1611-1625, in-8, 1872.

HUBERT J.-B. Géographie physique, administrative, historique et statistique du département des Ardennes, in-12, 1837 et 1855.

— Le siége de Reims par les Anglais en 1359, in-8, 1846.

— Histoire de Charleville, depuis son origine jusqu'en 1854. in-12, 1854.

HUCHARD. Notice sur Pierre Mignard et sa famille, in-8, Paris, 1861.

HUGO Abel. La France pittoresque ou description historique, pittoresque, topographique et statistique des départements et colonies de la France, Paris, 1835 (Aube, Marne, H^te^-Marne, Ardennes).

HULOT (l'abbé). Attigny avec ses dépendances, son palais, ses conciles et autres événements qui ont contribué à son illustration, in-8, Reims, 1826.

JACOB Gérard. Description historique de la ville de Reims, in-8, 1825.

JACQUOT. Notice historique sur Brienne, in-8, Paris, 1832.

JEANDET Abel. Claude Robert, premier auteur du *Gallia Christiana*, jugement en dernier ressort contre M. Fouque, Troyes, in-8, 1857.

JOANNE Adolphe. Géographie, histoire, statistique et archéologie des 89 départements de la France, in-18, Paris, 1869 (Aube, Marne, etc.).

JOFFROI DES JARDINS. Vie de Danton, épisode de la révolution de 1793, Paris, in-12, 1861.

JOLIBOIS. La diablerie de Chaumont, in-8, Chaumont, 1838.

— Les chroniques de l'évêché de Langres du P. Jacques Vignier, traduites du latin et continuées jusqu'en 1789, in-8, 1843.

— Histoire de la ville de Chaumont, in-8, 1855.

— La Haute-Marne ancienne et moderne, dictionnaire géographique, statistique, historique et biographique de ce département, précédé d'un résumé, in-8, 1858.

— Histoire de la ville de Réthel, in-18.

JOLLOIS Histoire abrégée de la vie et des exploits de Jeanne d'Arc, suivie d'une notice descriptive du monument érigé à sa mémoire à Domremy, in-folio, Paris, 1821.

JOLY. Les Ardennes, 2 vol. in-folio, Paris, 1854.

JOUBERT Léo. La bataille de Sedan, histoire de la campagne de 1870, du 23 août au 2 septembre, in-8, Paris, 1872.

JOUBLEAU. Etude sur Colbert, 2 vol. in-8, Paris, 1856.

JULLIOT. Armorial des archevêques de Sens, in-4, Sens, 1862.

LACATTE-JOLTROIS. Essais historiques sur l'église de St-Remi, de Reims, in-12, 1845, — revus par l'abbé Cerf, 1868.

— Recherches historiques sur la sainte Ampoule in-8, 1825.

LACOUR. Jean Passerat, chapitre inédit d'un de ses ouvrages établissant ses véritables opinions religieuses, Paris, in-8, 1856.

LACROIX, Paul. Œuvres inédites de J. de La Fontaine, in-8, Paris, 1863.

LALORE (l'abbé), auteur d'une histoire inédite du diocèse de Troyes, publie chaque année de savantes brochures parmi lesquelles nous citerons :

Le premier formulaire du prône dans le diocèse de Troyes, in-8.

— Vie de la bienheureuse Emeline d'Yèvres, in-8, 1869.

— Les synodes du diocèse de Troyes, in-8, 1867.

— Les fêtes chômées dans le diocèse de Troyes, depuis l'origine du christianisme jusqu'en 1802, in-8, 1869.

Lalore (l'abbé). Les anciens pouillés des paroisses incorporées au diocèse de Troyes en 1801, in-8, 1870.

— Cartulaire de l'abbaye de Boulancourt de l'ancien diocèse de Troyes, aujourd'hui départ. de la Hte-Marne, in-8, 1869.

— Documents pour servir à la généalogie des anciens seigneurs de Traisnel, in-8, 1872.

Lapaix C. Armorial des villes et villages de la Lorraine, du Barrois et des Trois-Evêchés (Meurthe, Meuse, Vosges, Moselle, Haute-Marne, etc.), in-4, Nancy, 1869.

Lapaume. Diverses inscriptions grecques trouvées à Troyes et autres lieux voisins, in-8, Troyes, 1850.

— Antiquités troyennes jusqu'ici négligées ou méconnues, in-8, Troyes, 1852.

Lapérouse Gust. Etude sur le lieu de la défaite d'Attila dans les plaines de la Champagne, Troyes, in-8, 1868.

Larcher de Lavernade. Histoire de la ville de Sens, in-8, 1867.

Las Casas (l'abbé Fontaine), du diocèse de Troyes. Le cardinal Pierre de Bérulle devant la Champagne, son pays, in-8, Troyes, 1848.

Lausser (l'abbé). Gerbert, étude historique sur le xe siècle, in-8, Aurillac, 1866.

Le Bailly. Hégésippe Moreau, sa vie et ses œuvres, in-16, Paris, 1863.

Le Berthois et Louis Paris. Toiles peintes et tapisseries de la ville de Reims ou la mise en scène du mystère de la Passion, 2 vol. in-4, Reims, 1843.

Leblanc et Poussin. Monographie de l'abbaye de St-Remi, de Reims. Reims, in-8, 1857.

Lebrun-Dalbanne. Notice sur la châsse de Nesle-la-Reposte, Troyes, in-8, 1859.

— Recherches sur l'histoire et le symbolisme de quelques émaux du trésor de la cathédrale de Troyes, in-4, avec planches, 1862.

— Le trésor de la cathédrale de Troyes, Paris, in-8, 1864.

— Les bas-reliefs de St-Jean au marché de Troyes, in-8, 1864.

Lebrun des Charmettes. Histoire de Jeanne d'Arc, 4 vol. in-8, 1817.

Lecoy de La Marche. Les coutumes et péages de Sens, texte français du commencement du XIIIe siècle, in-8, Paris, 1868.

Lécuy (l'abbé). Essai sur la vie de J. Gerson, 2 vol. in-8, Paris, 1820.

Le Dieu. Ses mémoires et son journal relatifs à Bossuet, évêque de Meaux, publiés par l'abbé Guettée, 1856-1857, 4 vol. in-8, Paris.

Lejeune. *Flodoardi historia remensis ecclesiæ.*

Histoire de l'église de Reims, par Flodoard, publiée par l'Académie de Reims et traduite par Lejeune, 2 vol. in-8, Reims, 1854.

LEMAÎTRE Chronique nogentaise, la Fosse-aux-Nonnes, in-8, Nogent, 1838.

— Combat de Nogent en 1814, in-8, 1840.

LEMOIT. Notice sur Bourbonne et ses eaux thermales, in-8, 1830.

LEMOINE. Notice historique sur Jean, sire de Joinville, sénéchal de Champagne et généalogie de sa famille, in-8, 1860.

LENOBLE Alex. Histoire du sacre et du couronnement des rois et reines de France, in-folio, Paris, 1825.

LÉPINE. Histoire de Château-Porcien, in-12, Vouziers, 1859.

— Histoire de la ville de Rocroi, in-8, 1860.

— Monographie de l'ancien marquisat de Montcornet en Ardennes et des communes du canton de Renwez, in-18, 1862.

LEROY. Corneille et Gerson dans l'imitation de J.-C., in-8, 1841.

LESAGE. Géographie historique et statistique du département de la Marne, 2 vol. in-12, 1839.

LÉTAUDIN. Etude historique sur la Cheppe, le camp d'Attila et ses environs, Châlons, 1869.

LETILLOIS, de Mézières. Biographie générale des Champenois célèbres, morts et vivants, in-8, 1836.

LEYMERIE. Statistique géologique et minéralogique du département de l'Aube, avec atlas, in-8, 1846.

L'HERMITE B. Scènes et drames de l'invasion dans les Ardennes. La 1re série a paru en 1875 dans le *Moniteur Ardennais*, à Rethel.

LHUILLIER. Essai de bibliographie départementale (Seine-et-Marne), in-12, Meaux, 1857.

LHOTE. Biographie Châlonnaise, in-8, Châlons, 1870.

LIEUTAUD Soliman. Recherches sur les personnages nés en Champagne dont il existe des portraits dessinés, gravés ou lithographiés, in-8, Paris, 1856.

LOISEAU. Etude historique et philologique sur Jean Pillot, de Bar-sur-Seine et sur les doctrines grammaticales du XVIe siècle, in-8, Paris, 1866.

LONGNON. Livre des vassaux du comté de Champagne et de Brie, 1172-1222, in-8, Troyes, 1869, 8e volume de l'histoire des comtes de Champagne, par M. d'Arbois.

LORIQUET Ch. Reims pendant la domination romaine, d'après les inscriptions, in-8, Reims, 1860.

LORIQUET Ch. La mosaïque des promenades et autres trouvées à Reims, in-8, 1862.

LOUPOT (l'abbé). Gerbert, archevêque de Reims, pape sous le nom de Sylvestre II, sa vie et ses écrits, in-8, Paris, 1869.

— Hincmar, archevêque de Reims, sa vie, ses œuvres, son influence, in-8, Reims, 1869.

LUQUET. Antiquités de Langres, in-8, avec planches, Langres, 1838.

MAGISTER. Vie du pape Urbain IV, Troyes, in-8, 1864.

MAGNIN. Les eaux thermales de Bourbonne-les-Bains, in-8, Paris, 1844.

MAIZIÈRES. Origine et développement du commerce du vin de Champagne, Reims, in-8, 1846.

MALLEVILLE. Dictionnaire historique du département de l'Aisne, 2 vol. in-8, Laon, 1864.

MARLOT, le R. P. Histoire de la ville, cité et université de Reims, 4 vol. in-4, Reims, 1842-1845, réimpression de l'académie de Reims.

MARTIN Alex. Promenade à Reims ou journal des fêtes et cérémonies du sacre, in-8, 1825.

MASSON E. Annales ardennaises ou histoire des lieux qui forment le département des Ardennes, T. 1. in-8, Mézières, 1861.

MATHIEU (l'abbé). Abrégé chronologique de l'histoire des évêques de Langres, in-8, Langres, 1844.

Maupris (l'abbé). Notes historiques et religieuses sur Vignory (Haute-Marne), in-8, 1869.

Michaud (l'abbé). Guillaume de Champeaux et les écoles de Paris au XIIe siècle, in-8, Paris, 1867.

Michaud et Poujoulat. Notice sur Jeanne d'Arc, in-8, Paris, 1837.

Michelin. Essais historiques, statist., chronolog., littér. et administ. sur le département de Seine-et-Marne, 6 vol. in-8, Melun, 1834-1841.

— Tableau scénographique faisant suite aux *Essais*, in-8, 1843.

Miel. Histoire du sacre de Charles X dans ses rapports avec les beaux-arts et les libertés publiques, in-8, Paris, 1825.

Mignard et Lucien Coutant. Découverte d'une ville gallo-romaine dite *Laudunun*, in-4, Dijon, 1854.

Migneret, avocat. Précis sur l'histoire de Langres, in-8, Langres, 1836.

— Histoire d'Aigremont, 1838, in-8.

Miroy. Chroniques de la ville et des comtes de Grandpré selon l'ordre chronologique de l'histoire de France, in-12, Vouziers, 1839.

Moet, de la Forte-Maison. Châlons-sur-Marne. Coup d'œil sur son histoire ancienne, sur ses églises et sur celles des alentours, in-12, 1850.

MONGIN et POCHINET. Annuaire historique et ecclésiastique du diocèse de Langres, 2 vol. in-8, Langres, 1838.

MOREAU Hégésippe. Le Myosotis, nouvelle édition précédée d'une notice biographique par Ste-Marie Marcotte, etc., in-18, Paris, 1851.

NAIGAN. Mémoires historiques et philosophiques sur la vie et les ouvrages de Denis Diderot, in-8, Paris, 1823.

NAVARRE. Essai historique sur la ville de Meaux, capitale de la Brie, in-8, Meaux, 1819.

NEANDER. Histoire de saint Bernard et de son siècle, traduite de l'allemand par Vial, in-8, Paris, 1842.

NICAISE, Aug. Châlons-sur-Marne et ses environs, in-8, 1861.

— Épernay et l'abbaye de St-Martin de cette ville, 2 vol. in-8, Châlons, 1870.

NODIER et TAYLOR. 8e série des Voyages pittoresques et romantiques de l'ancienne France comprenant la Champagne, 4 vol. Paris, 1820, etc.

NORMAND. Recherches sur le patois de Courtisols, in-12.

NOURRISSON. Le cardinal de Bérulle, sa vie, ses écrits et son temps, Paris, in-18, 1856.

ODDOUL. Essai historique sur Abailard et Héloïse par M. et Mme Guizot, suivi des lettres d'Abailard et d'Héloïse trad. sur les manuscrits de la bibl. royale, in-8, 2 vol. 1853.

OFFROY. Histoire de la ville de Dammartin et coup d'œil sur ses environs, in-12, Meaux, 1841.

OLLERIS. Vie de Gerbert, premier pape français, in-12, Clermont-Ferrand, 1867.

OPOIX Ch. Histoire et description de Provins, in-8, 1828. — Nouvelle édition par le petit-fils de l'auteur, 1846. Supplément à l'histoire et description de Provins. in-8, 1847.

OUDIETTE Ch. Dictionnaire topographique du départ. de Seine-et-Marne, in-8, 1821.

OZERAY. Histoire de l'ancien duché de Bouillon, in-8, Paris, 1837.

PAILLET, avocat. Éloge de Pierre Pithou, in-8, Paris, 1855.

PALES C. Chronologie des vicomtes et seigneurs de la terre de Vouziers depuis le XIVe siècle jusqu'en 1792, in-8, Vouziers, 1843.

PARAT (l'abbé). Esquisse sur l'histoire locale d'Herbisse (Aube), Arcis, in-8, 1866.

PARIS Henri. Étude sur Charles, cardinal de Lorraine, archevêque de Reims, Reims, 1844, in-8.

Paris Henri. Les cahiers du bailliage de Reims aux États généraux de 1789, in-8, 1869.

Paris Louis. Reims pittoresque ancien et moderne, in-8, 5 livraisons, 1836.

— Toiles peintes, voy. Le Berthois,

— Maucroix, sa vie et ses ouvrages, in-8, Paris, 1854.

— La chronique de Champagne publiée sous la direction de MM. H. Fleury et L., Paris, Reims, 1837-1838, 4 vol. in-8.

— La chronique de Rains publiée sur le manuscrit de la bibliothèque du roi, in-8, 1837.

— Remensiana, historiettes, légendes et traditions du pays de Reims, in-32, 1845.

— Durocort ou les Rémois sous les Romains, par J. Lacourt, pub. par L. Paris, in-32, 1844.

— Le cabinet historique, in-8, Paris, 1854-1855.

Pascal Félix. Histoire topographique, physique, politique et statistique du département de Seine-et-Marne, 2 vol. in-8, Paris, 1836.

Pasques. Notice et dissertation sur Provins : Est-il l'*Agendicum* des commentaires de César ? 1820, in-8.

PASQUES. Notice sur les anciens manuscrits de Provins et leurs auteurs.

PATRIS DEBREUIL. Ephémérides de P. J. Grosley, 2 vol. in-12, Troyes, 1811.

— Mémoires historiques et critiques pour l'histoire de Troyes, par Grosley, 2 vol. in-8, 1812.

— Œuvres inédites de P. J. Grosley. 3 vol. in-8. (Troyens célèbres et voyage en Hollande).

PEIGNÉ DELACOURT. Recherches sur le lieu de la bataille d'Attila en 451 ornées d'une carte géographique et de planches chromolithographiques, in-4, Paris, 1859.

— Supplément aux recherches sur le lieu de la défaite d'Attila, Paris, in-4, 1866.

— *Monasticon gallicanum*, planches gravées des monastères de l'ordre de St-Benoit, province de Reims, Paris in-folio, 1864.

PERGANT. Le siège de Reims par les Anglais, 1359-1360, in-8, 1848.

PERNOT. Monuments antiques de la Haute-Marne et de Seine-et-Marne, Paris, 1817.

PETIT A.-N. Napoléon à Brienne, in-12, Troyes, 1839.

PETIT Victor. Promenades pittoresques dans le département de l'Yonne, in-32, Auxerre, 1864.

PEUCHET et CHANLAIRE. Statistique de la Haute-Marne, in-4, 1818.

PEYRAN. Histoire de l'ancienne principauté de Sedan jusqu'à la fin du XVIIIe siècle, 2 vol. Paris, 1826.

PHILIPPE A. Précis historique sur l'ancienne communauté des maîtres en chirurgie de Reims, in-8, Reims, 1853.

— Royer-Collard, sa vie publique, sa vie privée, sa famille, in-8, Épernay, 1857.

PIERRON A. Souvenirs du collége de Langres, in-8, 1855.

PIGEOTTE Léon. Notice sur l'incendie de Troyes, en 1524, broch. in-8, Troyes.

— Étude sur les travaux d'achèvement de la cathédrale de Troyes, 1450 à 1630, Troyes, in-8, 1870.

PINARD. Précis sur l'histoire de Wassy et de son arrondissement, in-8, 1847, Wassy,

PITET. Le camp de Châlons en 1860, in-18, Paris, 1861.

PISTOLET (de St-Farjeux). Recherches historiques et statistiques sur les principales communes de l'arrondissement de Langres, 2 vol. in-8, 1836.

— Notice sur les voies romaines et les camps romains de la Haute-Marne, in-4, 1860.

POCHINET et MONGIN. Annuaire ecclésiastique et historique du diocèse de Langres, in-8, 1838.

POQUET (l'abbé). Histoire de Château-Thierry, 2 vol. in-8, 1839-1840.

POTERLET. Notice historique et statistique des rues et places de la ville et faubourgs d'Épernay, in-8, 1838.

POTVIN (Ch). Bibliographie de Chrestien de Troyes, Bruxelles, in-8, 1863.

POUGIAT. Invasion des armées étrangères dans le département de l'Aube, in-8, Troyes, 1833.

POUSSIN (l'abbé). Monographie de l'abbaye et de l'église de St-Remi de Reims, in-8, 1857.

POVILLON-PIERRARD. Description historique de Notre-Dame de Reims, in-8, 1824.

— Description historique de Notre-Dame de l'Épine, près Châlons, in-12, 1825.

PRÉGNON (l'abbé). Histoire du pays et de la ville de Sedan depuis les temps les plus reculés, 3 vol. in-8, 1856.

PRENARD Ch. Sedan pittoresque, in-8, 1842.

PRIEUR. La mobile de Provins, impressions et souvenirs, in-12, 1873.

PRIOUX S. Histoire de Braine et de ses environs, in-8, Paris, 1844.

— La *villa Brennacum*, étude historique, in-18, 1856.

— Monographie de l'ancienne abbaye de St-Yved de Braine, in-fol. 1859.

QUANTIN. Notice historique sur la construction de la cathédrale de Sens, in-8, 1842.
— Coup d'œil sur les monuments archéolog. du départ. de l'Yonne, in-8, 1851.
— Cartulaire général de l'Yonne, 2 vol. in-4, 1854.
— Histoire de la commune de Sens, in-8, 1858.
— Dictionnaire topographique du département de l'Yonne, in-4, 1862.
— Répertoire archéologique du département de l'Yonne, in-4, 1869.
— Recueil pour faire suite au cartulaire général de l'Yonne, in-8, 1873.

QUICHERAT J. Procès de condamnation et de réhabilitation de Jeanne d'Arc, Paris, 5 vol. in-8, 1841-1849.
— Aperçus nouveaux sur l'histoire de Jeanne d'Arc, in-8, Paris, 1850.

RAGON et FABRE D'OLIVET. Précis de l'histoire de Champagne et de ses anciennes dépendances, Paris, in-18, 1838.

RAGUENET (l'abbé). Histoire du vicomte de Turenne, in-12, 1817.

RATISBONNE (l'abbé). Histoire de saint Bernard, abbé de Clairvaux, 2 vol. in-12, Paris, 1841.

RAVELET Arm. Œuvres de saint Bernard traduites, Paris, 1867.

RAVENEZ. Recherches sur les origines des églises de Reims, de Châlons et de Soissons, in-8, 1857.

RAY J. Etudes sur les armoiries de la ville de Troyes, in-8, 1852.

RÉAUME (l'abbé). Histoire de Jacques-Bénigne Bossuet et de ses œuvres, 3 vol. Paris, 1870.

REBITTE. Guillaume Budé, restaurateur des études grecques en France, in-8, Paris, 1846.

RECORDON Ch. Le protestantisme en Champagne ou récits extraits d'un manuscrit de N. Pithou, seigneur de Champgobert, in-8, 1863.

RICHOUX L. Album des baigneurs de Bourbonne-les-Bains, in-4, 1835.

RIEUSSET et l'abbé MATHIEU. Biographie du département de la Haute-Marne, in-8. 1811.

RIONIER Em. Valentine de Guichaumont, épisode du temps de la Ligue, avec notice historique et archéologique sur le bourg de Sommevoire, in-8, 1859.

RIOLACCI. Le camp de Châlons précédé d'un aperçu historique sur la Champagne et spécialement sur l'invasion des Huns, in-18, Paris, 1865.

ROBINET. Danton. Mémoire sur sa vie privée appuyé de pièces justificatives, in-8, 1865.

Rochely (l'abbé de). Saint Bernard, Abélard et le rationalisme moderne, in-12, 1867.

Rosbach. Jean Chalette de Troyes, peintre de l'hôtel de ville de Toulouse, 1581-1643, in-8, Troyes, 1869.

Rouget. Notice historique sur la ville de Coulommiers, in-8, 1829.

Roussel (l'abbé). Le diocèse de Langres, histoire et statistique, T. I, in-8, 1873, Langres.

Roux de la Rochette. Histoire du régiment de la Champagne, in-8, 1839,

Roux-Ferrand. Mœurs champenoises, in-12, Epernay, 1854.

Saint-Marc Girardin. La Fontaine et les fabulistes, 2 vol. in-8, 1867.

Saubinet. Vocabulaire du bas langage rémois, in-18, 1845.

Sausseret (l'abbé). Eloge historique de la sœur Marguerite Bourgeois de Troyes, fondatrice de la congrégation de Villemarie en Canada, née le 17 avril 1620 et décédée à Montréal, le 12 janvier 1700, in-8, Troyes, 1866. — L'abbé Faillon a publié la vie de cette religieuse en 2 vol. in-8, 1852.

Savy. Mémoire topographique jusqu'au cinquième siècle de la partie des Gaules occupée aujourd'hui par le département de la Marne, in-8, 1859, Châlons.

Secretan Ed. La tradition des Niebelungen, son origine, sa valeur historique, suivie d'éclaircissements sur les batailles de Mauriac et de Châlons, in-8, 1865.

Sellier. Notice historique sur la compagnie du noble jeu de l'arc et des arquebusiers de Châlons-sur-Marne, in-8, 1857.

Sénemaud. Revue historique des Ardennes, 8 vol. in-8, 1864-1868.

— Mémoire chronologique sur les antiquités de Sedan et des villes frontières de la Meuse, in-8, 1867.

Sepet Marius. Gerbert et le changement de dynastie, in-8, 1870.

— Jeanne d'Arc, in-8, Tours, 1871.

Siret Ch. Précis historique du sacre de sa majesté Charles X, in-4, Reims, 1826.

Smith. *Collectanea gersoniana* ou recueil d'études, de recherches et de correspondances littéraires, ayant trait au problème bibliographique sur l'origine de l'Imitation, in-8, 1843.

Socard Alexis. Livres liturgiques, voyez Assier.

— Livres populaires imprimés à Troyes. Hagiographie et Ascétisme, in-8, 1864.

— Id. Noëls et cantiques, in-8, 1865.

Socard Emile. Notice historique sur Claude Robert, auteur du *Gallia Christiana*, br. in-8, 1853, Troyes.

Socard Emile. Quelques mots sur un ouvrage intitulé *Mémoires de l'Académie de Troyes*, br. in-8, 1854.

— Chartes inédites du cartulaire de Molesme intéressant un grand nombre de localités du département de l'Aube, in-8, 1864.

— Revue critique pouvant servir de supplément au Répertoire archéologique du département de l'Aube, in-8, 1862.

— Dictionnaire topographique du département de l'Aube, in-4, 1875.

Souillié. La Fontaine et ses devanciers, ou histoire de l'apologue jusqu'à La Fontaine inclusivement, in-8, 1861.

Steenakers. L'invasion de 1814 dans la Haute-Marne, in-8, 1868.

Susane. La Champagne pouilleuse, in-8, 1857.

Sutaine Max. Eustache Deschamps, poète champenois au XIVe siècle, br. in-8, 1862,

— Essai sur l'histoire des vins de Champagne, 1845, in-18, Reims.

Tabaraud (l'abbé). Histoire de Pierre de Bérulle, 2 tom. en 1 vol. in-8, 1817.

Taillandier. Histoire du château et du bourg de Blandy-en-Brie, in-8, 1854.

Taine H. Essai sur les fables de La Fontaine, in-8, Paris, 1854.

Tardé Prosper. Les sépultures de St-Remi de Reims, in-12, 1842.

TARBÉ Prosper. Trésors des églises de Reims, in-4, 1843.
— Notre-Dame de Reims. in-12, 1845, — 2e édit., 1852.
— Reims, ses rues et ses monuments, in-4, 1845.
— Œuvres de Guillaume Coquillard, 2 vol. in-8, 1847.
— Collection de poètes champenois antérieurs au XVIe siècle, 1849-1856, 15 vol. in-8, Reims.
— Romancero de Champagne, 5 vol. in-8, 1863-1864.
— Les chansonniers de Champagne au XII et XIIIe siècles, in-8, 1850.
— Œuvres de Philippe de Vitry, in-8, 1850.
— Recherches sur l'histoire du langage et des patois de Champagne, 2 vol. in-8, 1851.
— Vie et travaux de J.-B. Pigalle, sculpteur, auteur de la statue de Louis XV à Reims, in-8, 1859.

TARBÉ Théodore. Recherches histor. et anecdot. sur la ville de Sens, sur son antiquité et ses monuments, in-12, Sens, 1838.
— Description de l'église métropolit. de Saint-Etienne de Sens, 2e édit., in-8, 1841.

TAYLOR, Ch. NODIER et Alph. de CAILLEUX. Voyages

pittoresques et romantiques dans l'ancienne France. *La Champagne*, un vol. de texte et 2 de planches, Paris, 1821.

— Reims, ses monuments et le sacre des rois de France, 24 liv. in-fol., 1854.

— Reims, la ville des sacres, par J. Justinus (baron J. Taylor), in-8, 1860.

THÉNARD (le baron). Etude sur le départ de la Marne, in-8, 1860.

THÉVENOT A. Statistique générale du canton de Ramerupt (Aube) in-8, Troyes, 1869.

— Histoire de la ville et de la châtellenie de Pont-sur-Seine, in-8, 1873, Nogent-sur-Seine.

THIERCELIN H. Le monastère de Jouarre, in-8, Paris, 1862.

THIÉRION Alex. Encore un mot sur le dicton proverbial : 99 moutons et un Champenois font 100 bêtes, Troyes, in-8, 1844.

THOMASSY. Gerson Jean, chancelier de l'université de Paris, in-12, 1844.

TIBY Paul. Deux couvents au moyen âge ou l'abbaye de St-Gildas et le Paraclet au temps d'Abélard et d'Héloïse, in-12, 1851.

TINCELIN (l'abbé). Saint-Mammès ou le grand martyr de Césarée, patron de la cathédrale de Langres, in-8, 1870.

Topin, Le cardinal de Retz, son génie et ses écrits, in-8, 1864.

Tourneur (l'abbé). Notices sur les anciennes abbayes de l'arrondissement de Reims, in-8, 1855.

— Histoire et description des vitraux et des statues de l'intérieur de la cathédrale de Reims, in-8, 1855.

— Description historique et archéologique de Notre-Dame de Reims, in-18, 1864.

Tourneux. Attila dans les Gaules en 451, in-8, 1833.

Turlot. Abailard et Héloïse avec un aperçu du XIIe siècle sous tous les rapports avec le siècle actuel... Paris, in-8, 1822.

Tynturié M. Notice historique sur le bourg de Cunfin (Aube) suivie d'un grand nombre de notes sur les communes environnantes, in-12, 1855, Langres.

Vallet de Viriville. Archives historiques du département de l'Aube, in-8, Troyes, 1841.

— Nouvelles recherches sur la famille et sur le nom de Jeanne d'Arc, in-8, Paris, 1855.

— Recherches iconographiques sur Jeanne d'Arc, in-8, 1855.

— Procès de condamnation de Jeanne d'Arc, in-8, 1867.

Varin, Pierre. Archives administratives de la ville de Reims, 8 vol. in-4, Paris, 1839-1847.

VARLOT, père. Illustration de l'ancienne imprimerie troyenne, in-4, Troyes, 1850.

— Xylographie de l'imprimerie de Troyes du xve au xviiie siècle, in-4, 1859.

— Quatre vues de l'ancien Troyes gravées sur cuivre avec des notices historiques inédites par M. Finot, in-4, 1860.

VERGNAUD. Notice sur les divers ouvrages et sur les nombreux écrits relatifs à Jeanne d'Arc, 1858.

— Mémoire et documents curieux sur les anciens et les nouveaux monuments élevés à la mémoire de Jeanne d'Arc, in-8, 1861.

VERMOREL, A. Œuvres de Danton recueillies et annotées, in-18, 1866.

VILLENAVE. Abélard et Héloïse, leurs amours, leurs malheurs et leurs ouvrages, in-8, 1834,

WALLON. Jeanne d'Arc, 2 vol., Paris, 1860.

WALKENAER A. Histoire de la vie et des ouvrages de La Fontaine, in-8, Paris, 1820.

— Nouvelles œuvres diverses de La Fontaine et poésies de F. de Maucroix, avec sa vie, in-8, 1820.

WILHEM Alex. Le Paraclet, in-8, Paris, 1851.

Chartres. — Imprimerie Durand frères.

www.ingramcontent.com/pod-product-compliance
Ingram Content Group UK Ltd.
Pitfield, Milton Keynes, MK11 3LW, UK
UKHW020425230726
13925UKWH00004B/1614